院士给孩子的地球生命课

恐龙王国探秘

KONGLONG WANGGUO TANMI

戎嘉余　周忠和　主编　/　徐星　著

浙江少年儿童出版社

ZHEJIANG UNIVERSITY PRESS
浙江大学出版社

·杭州·

图书在版编目(CIP)数据

恐龙王国探秘/戎嘉余,周忠和主编；徐星著.—
杭州:浙江少年儿童出版社:浙江大学出版社,
2020.12
（院士给孩子的地球生命课）
ISBN 978-7-5597-2286-7

Ⅰ.①恐… Ⅱ.①戎… ②周… ③徐… Ⅲ.①恐龙—
少儿读物 Ⅳ.①Q915.864—49

中国版本图书馆 CIP 数据核字(2020)第 267266 号

院士给孩子的地球生命课

恐龙王国探秘

KONGLONG WANGGUO TANMI

戎嘉余　周忠和　主编　/　徐星　著

图书策划　徐有智
责任编辑　刘元冲
美术编辑　成慕娖
整体设计　林智广告
封面绘图　普肃　邹乐　郑卉
内文绘图　李后佶
责任校对　马艾琳
责任印制　王振
出版发行　浙江少年儿童出版社(杭州市天目山路 40 号)
　　　　　浙江大学出版社(杭州市天目山路 148 号)

浙江超能印业有限公司印刷
全国各地新华书店经销
开本 710mm×1000mm　1/16
印张 7.5
字数 63000
印数 1—8000
2020 年 12 月第 1 版
2020 年 12 月第 1 次印刷
ISBN 978-7-5597-2286-7
定价：48.00 元
（如有印装质量问题，影响阅读，请与承印厂联系调换）
承印厂联系电话:0573-84191338

总　序

　　摆在读者面前的这套丛书，是科学家写给青少年的关于地球生命演化的科普书。我们希望读者能从中初步了解生命和地球环境共同演化的历史过程，懂得怎样在探索生命演化奥秘的过程中寻找乐趣。

　　地球有 46 亿年的历史，地球生命演变的故事就镌刻在化石之中，形成了一套记载着生命演化的万卷丛书。古生物学家的工作就是利用发掘和采集到的化石和古老生命的痕迹来探究这套万卷丛书的奥秘。古生物学是探索生命演化历史的一门基础学科，她不仅有很多经典、传统的演化证据，还有层出不穷的新发现，以及用新技术、新方法做出的研究成果和新信息。如果从 1859 年查尔斯·达尔文发表巨著《物种起源》算起，这门学科至今走过了 160 多年时光。这段时间在人类历史上只是一刹那，更不用与生命起源至今约有的 38 亿年相比较了。但是，在这期间，古生物学者发现了大量崭新的化石，为探索达尔文的生命演化理论提供了强有力的支撑。读者们将从这套书中了解许多有关生命演化的鲜为人知的故事。演化生物学取得了很大的进展，但人类对生命演化的探索将永无止境。

　　法国著名画家保罗·高更曾到南太平洋的塔希提岛去写生。《我们从哪里来？我们是谁？我们到哪里去？》是他在塔希提岛上完成的油画作品。我们知道，科学家是用科学思维来描绘自然界的客观规律，而艺术家则用艺术作品来表达审美情趣。他们都在思考生命过程，最终能殊途同归。作为古生物工作者，我们不仅要研究和探索这三个问题，还要探索地球上所有生命的演化历史，来揭示演化的机理和真谛。

　　这套科普丛书从酝酿到出版经过了三年多的时间。2017 年夏天，当浙江大学出版社的编辑在北京拜访国家开放大学音像出版社的领导、编辑时，看到由中国科学院学部工作局和该社联合出版的视频课程《生命的起源与演化》，感到这是一个很有普及价值的科学选题，作者权威、知识新颖、内容科学，适合改编成一套科学性与通俗性相结合的科普读物，值得向青少年读者推广。双方编辑经多次商量讨论后形成了一个方案。根据视频演讲稿完成的初稿出来后，因多种原因，出版一事推迟了。然而，大家想做一套讲述地球生命演变故事科普图书的初心未变。在国家开放大学音像出版社领导的大力支持下，浙江大学出版社有关负责人和编辑找到浙江少年儿童出版社社长，双方因理念契合、优势互补而一拍即合，于是有了这两年多的紧密合作。在原有素材的基础上，对整套丛书的框架、版式、文字、插图等进行了认真的设计，并约请资深文字和美术编辑会同插画师进行了改编，增加了许多珍贵的化石照片和手绘插图，力争编撰一套深入浅出、图文并茂、可读性强、寓科学知识于故事之中，为广大青少年读者所喜爱的科普图书，为社会提供一份充满科学精神的食粮。

这套丛书的作者团队由来自中国科学院南京地质古生物研究所、中国科学院古脊椎动物与古人类研究所，以及南京大学的院士专家组成。中国的古生物学研究历史悠久，沉淀很深，经过几代"古生物学人"的不懈努力，特别是近20年来发展迅猛，成绩斐然。在这套书中，科学家们把自己近年来工作中震惊世界的发现与具有国际水准的研究成果贯穿在"生命的起源与演化"的主题之下，用图文并茂的方式展示出来，将孩子们带入一个美妙的史前生命世界，领略古生物学之美。通过了解这些崭新的研究成果，孩子们在满足好奇心的同时，也将激发对科学更大的兴趣，树立民族自信。

这套丛书将分期、分批出版。第一辑有8种，以后还将陆续出版其余部分。在第一辑图书出版之时，我们要感谢出版视频的国家开放大学出版传媒集团副总经理徐锦培、国家开放大学音像出版社副总编辑潘淑秋及责任编辑吉喆。这里特别要感谢吉喆女士，在前期工作中，她不厌其烦，认真负责，奔波于北京和南京之间，贡献卓著。他们极富成效的工作及后续的奉献与支持为本书出版奠定了良好基础。感谢浙江大学出版社和浙江少年儿童出版社的领导和编辑们为本套图书最终出版、为社会奉献有价值的精神产品所做出的非凡努力，感谢为本套图书精心设计与绘制图表、插画的老师们。同时，我们要感谢全体科学家作者走出象牙之塔，为本套丛书系统编撰付出的心血，为我国生命演化科普宣传工作做出了新贡献。

衷心希望读者们对这套丛书提出批评和建议，以期日后改进。

戎嘉余　周忠和

2020 年 9 月 1 日

MULU 目 录

MULU

第三章

恐龙王国之兽脚类恐龙

第四章

恐龙王国之蜥脚型类恐龙

第五章

恐龙的集群灭绝事件

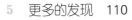

引子

在这本书里，我要给大家讲讲恐龙演化的故事。本书内容分为五个部分：

· 恐龙的祖先从哪里来

· 恐龙王国之鸟臀类恐龙

· 恐龙王国之兽脚类恐龙

· 恐龙王国之蜥脚型类恐龙

· 恐龙的集群灭绝事件

第一章

恐龙的祖先
从哪里来

　　在我们这个美丽的星球上，中生代是生命之花开得最繁盛的时期之一，众多的生命之中，恐龙家族是这一时期当之无愧的陆地霸主，曾支配全球陆地生态系统近 1 亿4000 万年之久。它们的谢幕充满了神秘的色彩，也留下了众多的谜团。接下来，我将带领大家到恐龙王国做一次旅行。

恐龙是什么

最早的恐龙出现在什么时候呢？这得先从恐龙的定义谈起。

恐龙的存在有其特定的时期。如果追寻生命演化的历史，我们可以追寻到 38 亿年前。在 38 亿年前的地球上，第一个生命出现以后，生生不息，出现了各种各样的生物，其中就包括恐龙。

博物馆中的恐龙化石

恐龙出现在大约 2.4 亿年前。传统意义上的恐龙在 6600 万年前就灭绝了。它们是一群生活在陆地上、以直立行走为特征的爬

地质历史及生命的演化

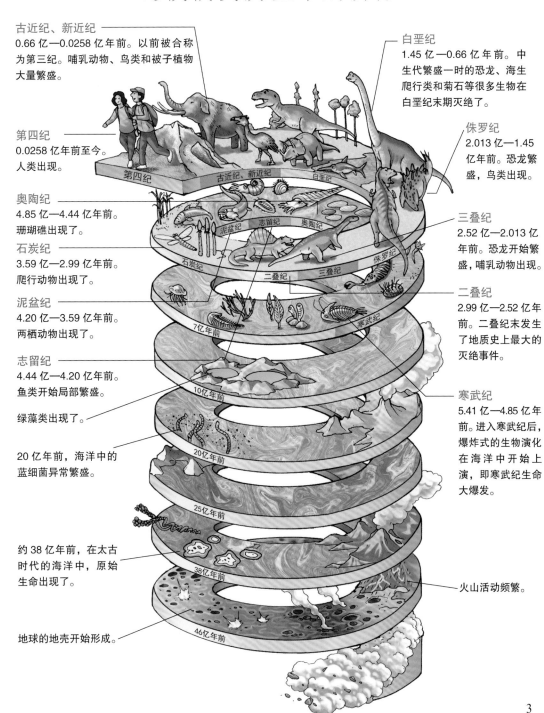

古近纪、新近纪
0.66 亿—0.0258 亿年前。以前被合称为第三纪。哺乳动物、鸟类和被子植物大量繁盛。

第四纪
0.0258 亿年前至今。人类出现。

奥陶纪
4.85 亿—4.44 亿年前。珊瑚礁出现了。

石炭纪
3.59 亿—2.99 亿年前。爬行动物出现了。

泥盆纪
4.20 亿—3.59 亿年前。两栖动物出现了。

志留纪
4.44 亿—4.20 亿年前。鱼类开始局部繁盛。

绿藻类出现了。

20 亿年前，海洋中的蓝细菌异常繁盛。

约 38 亿年前，在太古时代的海洋中，原始生命出现了。

地球的地壳开始形成。

白垩纪
1.45 亿—0.66 亿年前。中生代繁盛一时的恐龙、海生爬行类和菊石等很多生物在白垩纪末期灭绝了。

侏罗纪
2.013 亿—1.45 亿年前。恐龙繁盛，鸟类出现。

三叠纪
2.52 亿—2.013 亿年前。恐龙开始繁盛，哺乳动物出现。

二叠纪
2.99 亿—2.52 亿年前。二叠纪末发生了地质史上最大的灭绝事件。

寒武纪
5.41 亿—4.85 亿年前。进入寒武纪后，爆炸式的生物演化在海洋中开始上演，即寒武纪生命大爆发。

火山活动频繁。

第四纪　　古近纪、新近纪　白垩纪

泥盆纪　志留纪　奥陶纪

石炭纪

二叠纪　三叠纪　侏罗纪

寒武纪

7亿年前

10亿年前

20亿年前

25亿年前

38亿年前

46亿年前

3

行动物。1842 年，英国科学家理查德·欧文创建了名词"dinosaur"来表示恐龙，这个词源自希腊文 deinos（恐怖的或者令人恐怖地大）和 sauros（蜥蜴或者爬行动物）。

恐龙虽然在地球上生存了很长一段时间，但是在整个庞大的生命之树上，它们只是一个小的分支。具体来讲，恐龙是我们人类所属的脊椎动物大家族当中的一个支系，更具体地讲，恐龙在生命之树上位于我们熟悉的四足动物当中。四足动物就是长了四条腿的脊椎动物，包括我们熟悉的青蛙、鳄鱼、龟鳖、鸟类以及我们人类所属的哺乳类，这些动物类群是跟恐龙亲缘关系近的一些类群。

这些动物中哪些跟恐龙的亲缘关系最近呢？从目前现存的动物来看，以凶猛著称的鳄鱼和美丽的鸟类跟恐龙的关系最亲近。

按照传统定义，恐龙就是生活在中生代时期（约 2.52 亿年前到 6600 万年前）陆地上的一类能够直立行走的爬行动物。那么，现代的恐龙定义是怎样的呢？

由于各种原因，科学家们目前就恐龙定义还没有达成一致意见，其中一个定义是：恐龙是家麻雀、恐怖三角龙和卡内基氏梁龙的最近的共同祖先及其所有后裔。

这个分类定义似乎不太好理解。我们不妨这样想象，追寻家麻雀、恐怖三角龙和卡内基氏梁龙的演化历史，沿着代表它们演化历史的三个支系，一直到它们交汇的地方，所有落在涵盖区域的物种都属于恐龙。

按照这个定义，现生的鸟儿也属于恐龙。

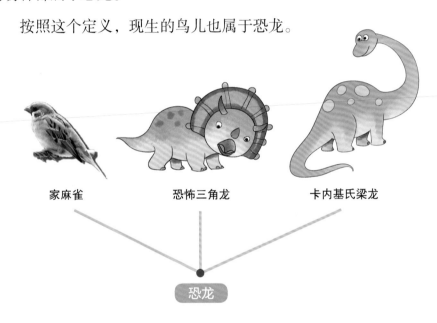

家麻雀　　　　　恐怖三角龙　　　　卡内基氏梁龙

恐龙

如何辨认恐龙

恐龙的现代定义似乎不太容易理解。

生活中，我们要认识一类动物，最直观的方法是观察它的样子，或者用生活习性来定义它。比如，要说明什么是鸟类，大家常说身上长着羽毛的就是鸟类；什么是哺乳动物呢？顾名思义，需要哺乳幼崽（给宝宝喂奶）的就是哺乳动物。

那么，什么是恐龙呢？从目前来看，想要拿现在生存在地球上的动物来类比，这是一件困难的事，因为我们现在只有恐龙化

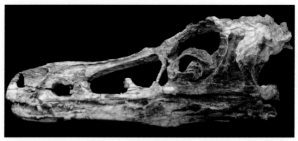

简手龙头骨照片

石可以研究，恐龙的软体组织和行为动作，我们已无法观察到。因此，我们在辨认恐龙时，一般通过化石保存下来的骨骼学特征来判断。

有一些特征是所有恐龙都有的，例如为了方便直立行走，在恐龙的腰带上，也就是臀部这里，在恐龙的后肢上，都会有一些特征。这些特征可以帮助我们辨认恐龙。

3

恐龙的祖先在哪里

恐龙家族是一个千奇百怪、种属庞杂的动物类群。到目前为止，科学家们在世界各地发现的恐龙化石已超过 1000 种，而且还不断有新的发现。

恐龙的种类非常多，体形和习性也相差巨大。这么庞大的家族是怎么起源的呢？

通过研究来自南美洲及欧洲的一些化石标本，科学家们一般认为，恐龙起源于一类个头非常小的动物。这些动物当中有些是两足行走的，有些是四足行走的，有些是肉食性的，有些是植食性的，常见的有西里龙类、马拉鳄龙类等。这些动物就是我们现在一般认为的恐龙的祖先。

这些在南美洲和欧洲发现的恐龙化石的地质年代是三叠纪中晚期。最早的疑似恐龙化石，有人认为是在波兰发现的一个脚印化石，是在 2.4 亿年前形成的岩石当中发现的。

当然，脚印化石的鉴定有难度，它到底是不是恐龙踩的仍存在争议。但不管怎么说，从目前的化石研究成果来看，科学家们已经肯定，恐龙起源于生活在三叠纪中期的一类小型动物，起源地很可能是在南半球，但也不排除在北半球的可能性。

恐龙的早期分异

一母生九子，九子各不同。第一个恐龙出现后不久，就开始产生了分异（分化与变异），恐龙家族很快就分成了三支，即兽脚类恐龙、蜥脚型类恐龙和鸟臀类恐龙。

兽脚类恐龙主要是肉食性恐龙，基本上是两足行走。

蜥脚型类恐龙以植物为食，它们当中最有名的代表是长着长脖子长尾巴，身体非常庞大，四足行走的蜥脚类恐龙。

鸟臀类恐龙的腰带（臀部）和以上两类恐龙不同，有些像鸟类的

兽脚类　　　　　　　蜥脚型类　　　　　　　鸟臀类

腰带，故名鸟臀类。这类恐龙也是以植物为食，它们当中的一些物种有喙（外观类似鸟喙）。

为什么说鸟臀类恐龙的腰带和鸟类的腰带有些相似呢？恐龙腰带每侧有三块骨头，上面的一块叫髂骨，下面靠前的一块叫耻骨，下面靠后的一块叫坐骨。鸟臀类恐龙的耻骨的延伸方向和鸟类的耻骨比较相似，都是往后腹方向延伸的。

相对而言，蜥脚型类恐龙和大多数兽脚类恐龙的腰带与蜥蜴的腰带更接近，即它们的耻骨都向前腹方向延伸。因此，
蜥脚型类恐龙

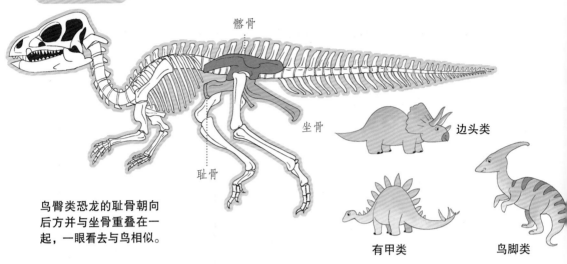

髂骨

坐骨

耻骨

鸟臀类恐龙的耻骨朝向
后方并与坐骨重叠在一
起，一眼看去与鸟相似。

边头类

有甲类

鸟脚类

蜥臀类恐龙

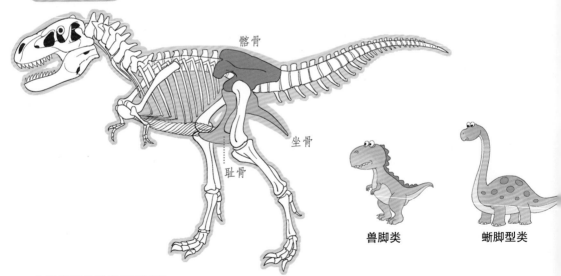

髂骨

坐骨

耻骨

蜥臀类恐龙的髂骨下面的
耻骨朝向前方。

兽脚类

蜥脚型类

和兽脚类恐龙一起被称为蜥臀类恐龙。蜥臀类恐龙和鸟臀类恐龙是恐龙的两大家族。

但是最近，鸟臀类恐龙和蜥臀类恐龙两大家族的分类方法受到了挑战，这让科学家和恐龙研究者们兴奋不已。按照传统的观点，兽脚类恐龙和蜥脚型类恐龙被认为属于同一支系，但是一些新的研究结果表明，兽脚类恐龙与蜥脚型类恐龙不是一支的，兽脚类恐龙可能跟鸟臀类恐龙属于一个支系，因此，恐龙的家谱树就和传统认知不一样了。当然，这个分类到底是对是错，还需要更多的研究支持。这一发现也从侧面反映了恐龙早期演化路径确实比较复杂，还需要科学家做更多的研究。

不管怎么分，我们知道的事实是：在侏罗纪和白垩纪，地球上出现了数量众多的恐龙。

如果恐龙的牙齿坏掉怎么办？

恐龙的牙齿能终生不停地生长。如果恐龙有牙齿脱落，在原来的位置上会长出新的牙齿，就像现在的鳄鱼那样。

侏罗纪和白垩纪的陆地霸主

那么，恐龙为什么会成为侏罗纪、白垩纪时期的陆地霸主呢？学术界对此存在两种不同的假说。

一种假说认为，恐龙是霸权主义者。也就是说，恐龙一出现就有自己的先天优势，比如说它们的奔跑能力更强、大脑更加发达。这有点像我们现在常说的"白富美"，它们自身有优势，自然就成了舞台的主角。不过，许多人反对这种假说。

为什么有人反对呢？理论上来说，第一种恐龙出现在大约2.4亿年前，但恐龙真正占据整个生态系统的重要地位一直要到将近2亿年前。也就是说，在将近4000万年（右页图中紫色区域）里，恐龙并没有变成一个主要角色。如果认为恐龙是依靠自己身体的优势占据了生态系统的主要位置的话，为何在这4000万年内，它们一直没有成为主角呢？

针对以上问题，科学家们又进行了更多的研究。后来，出现

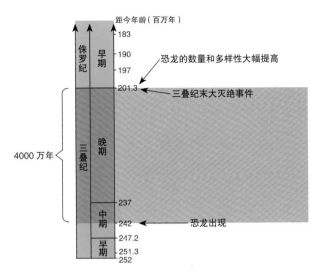

了另外一种假说，这种假说认为恐龙是机会主义者。

　　为什么叫机会主义者呢？原来，科学家们发现，大概在2.01亿年前，地球上发生了一次大的灾变事件，很多动物类群都灭绝了，但是在那次灾变事件当中，恐龙家族幸存了下来。换句话说，灾变事件导致整个地球生态系统出现了很多真空，给恐龙的发展腾出了舞台，所以恐龙家族在侏罗纪到白垩纪一下子繁盛了起来。现在，科学家们一般认为，恐龙家族的繁盛是自身优势和非常好的机遇这两个因素叠加到一起导致的。

　　人类对恐龙这类神秘动物的了解，主要来自于化石。可以说，对恐龙的研究就是对恐龙化石的研究。

如今，古生物学家通过科学方法和先进仪器研究各种恐龙化石，逐渐搞清楚了恐龙的家谱树，复原了恐龙活着时的样子和行为。

恐龙身上有羽毛吗？

现代鸟类源于生活在中生代时期的兽脚类恐龙，一些恐龙甚至全身都覆盖着羽毛。很多人觉得这难以置信，直到 20 世纪 90 年代，科学家们终于找到保存有羽毛的恐龙化石，这种观点得以证实。科学家们发现的这些化石中，有一部分保存得相当完好，有些恐龙化石上的羽毛痕迹清晰可见。

小盗龙化石，羽毛痕迹清晰可见

恐龙信息的记录载体——恐龙化石

我们怎么才能知道恐龙长什么样？因为谁都不可能见过活着的恐龙，所以，科学家们对恐龙的研究有点像侦破工作，主要线索来自恐龙的骨骼化石。把这些化石拼起来，就可以搭建成恐龙的骨架。远古时代动物和植物的遗骸或遗迹，由于长期埋在地下，慢慢变成了石头，这就是化石。

大多数恐龙化石保存得并不好，支离破碎，这就需要科学家们像玩拼图游戏一样，把它们拼合起来。这是一个很容易出错的过程。科学家们在第一次拼合禽龙化石时，就犯了一个错误，他们把禽龙前肢上的大拇指安到它的鼻子上去了。

但是，如大家所见，有些恐龙化石保存得非常漂亮且非常完整，所有骨骼都保存了下来。等到恐龙化石的骨架搭起来后，科学家就可以推测它们身上有哪些肌肉了，然后再复原皮肤，这样就可以把恐龙的样子复原出来。借助现代计算机绘图技术，恐龙

复原图的制作容易了许多。

除了骨骼化石，我们有的时候还用其他的化石来研究恐龙。我们有时候会发现恐龙蛋化石，用它来研究恐龙是怎么繁殖的。有时候甚至可以发现恐龙粪便化石，用它来了解恐龙的消化系统。当然，有的时候我们还可以研究恐龙的脚印化石。

除了脚印，还有其他一些很罕见的恐龙遗迹化石，比如恐龙在水里游泳的时候，游泳迹也能保存下来。所以，这些脚印化石，还有其他的一些遗迹化石，都能帮助我们来研究恐龙的一些行为。

恐龙蛋化石

另外一类非常罕见但是也很重要的化石是恐龙的软体组织化石。举个例子来说，恐龙的皮肤结构有时会形成化石，甚至有些肌肉的印痕也能被保存下来。

恐龙脚印化石

所有这些化石，从骨骼化石到恐龙蛋化石，到恐龙脚印化石，还有皮肤结构之类的软体组织化石，能够给我们提供非常多的信息，帮助我们了解这类已经灭绝的远古时期的神秘生物。

恐龙化石从何处来

那么，这些化石是从哪里来的，我们是怎么发现恐龙化石的呢？

了解地质学的人都知道，地球上地表出露出来的岩石，在各个地方是不一样的。有的地方出露的岩石是在大海里形成的，有的地方出露的岩石是在陆地上形成的，而且形成时期也会不一样，有些地方出露的岩石可能是 4 亿年前形成的，有的是 3 亿年前形成的，有的是 2 亿年前形成的。

恐龙化石要到哪里去找呢？一般情况下，我们要想找到恐龙化石，要局限在中生代时期，也就是大概 2.5 亿年前一直到 6600 万年前这个时间段在陆地上形成的岩石。

产出恐龙化石的岩石一般分为以下几类：一类是河流相砂泥岩，即沙泥在河流当中沉积，然后慢慢形成岩石；另外一类是湖相岩石，比如说页岩，这类岩石非常细腻，有时候会保存非常精美的恐龙化石；还有一类比较罕见的就是风成岩，是指干旱地区

河流相砂泥岩

湖相岩石

风成岩

的沙子压结形成的岩石。

在非常偶然的情况下，我们会在海边的灰岩当中找到恐龙化石，但是并不能据此认为这类恐龙是生活在海里的，只能说它们是生活在海边的一类恐龙，它们死后，尸体被冲到海边的岩石中埋藏起来，形成了恐龙化石。

恐龙化石基本上都是在这四类岩石中找到的。

恐龙化石诞生记

化石找寻之旅

了解了恐龙化石，那么，我们怎么去找到这些化石，又怎么把化石发掘出来呢?

第一步，我们需要确定寻找恐龙化石的区域。许多恐龙研究者都喜欢去比较荒凉的地方，比如说戈壁沙漠地区。理由很简单，因为这些地区的植被非常少，会比较容易发现露出地表的一些蛛丝马迹。当然，除了在戈壁沙漠地区，其实在内地一些植被茂盛的地区，有时候也有很好的恐龙化石被发现，比如近二十年来，在我国的辽宁西部及其周边地区，发现了很多非常漂亮的恐龙化石。

化石的寻找过程，应该说是科学和人文精神的结合。找化石时会面临很多需要克服的困难。比如，在沙漠里找化石的时候，会面临高温的挑战，我们在新疆、内蒙古，甚至在国外的一些戈壁沙漠地区都找过化石，在沙漠高温环境中，需要控制好在野外的时间。除了克服高温，找化石还要面临其他一些挑战，比如蚊虫的叮咬，有的时候还会遭遇野兽的袭击。

戈壁沙漠是经典的化石发现地

你可以想象一下，在戈壁沙漠地区，有高温、有沙尘暴，有的时候也会有暴雨，就是几个小时内，原来是一片沙漠，一场暴雨后就变成了湖泊。这些

在沙漠中突逢暴雨，车陷在泥沙中

野外突发情况需要每个去寻找恐龙化石的人去应对，不过，相信每个野外工作者都会非常享受这样的过程，因为这不仅是我们寻找科学证据的过程，有的时候也是实现自我跨越的过程。

具体到如何找化石，其实整个过程非常简单，就是每天带着一些基本的工具（地质锤、胶水等），睁大自己的眼睛，在选定的目标区域露出的岩石上搜寻。小山丘也好，平地也好，你可以一天走上10千米、20千米，像侦探一样去寻找在地上露出的蛛丝马迹。

比如说，突然发现地表上露出来的一块小的白色的化石，那么就需要做个判断，这个化石是什么样的一种化石，有没有研究价值，或者有没有采集价值。因为我们在野外的时间是有限的，一般每次只能花一到两个月时间找化石，我们必须把有限的时间用在采集到更有科学研究价值的恐龙化石上，而不是所有的化石都采集，否则野外时间是不够用的。一旦确定了这个化石是具有研究价值的，就可以开始对其进行暴露、加固，然后进行采集。

化石采集现场

作者正在采集化石

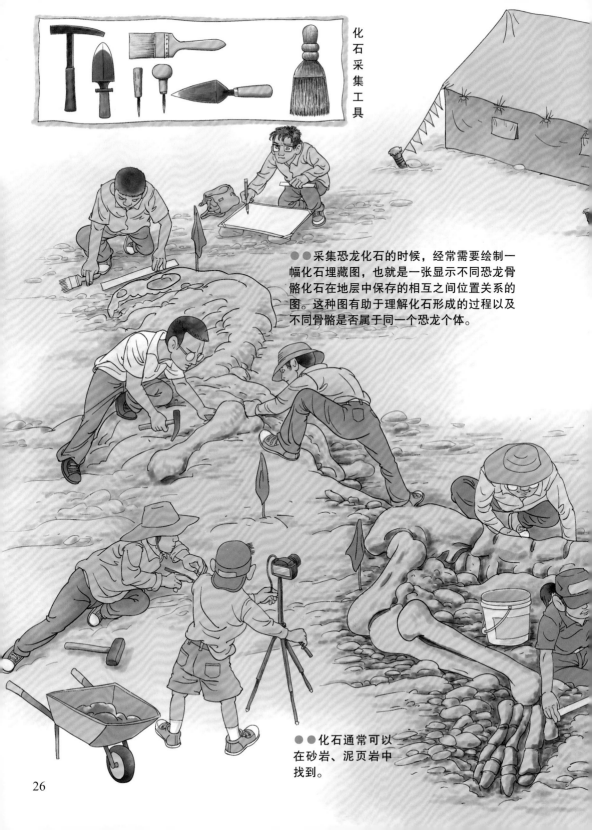

化石采集工具

●●采集恐龙化石的时候，经常需要绘制一幅化石埋藏图，也就是一张显示不同恐龙骨骼化石在地层中保存的相互之间位置关系的图。这种图有助于理解化石形成的过程以及不同骨骼是否属于同一个恐龙个体。

●●化石通常可以在砂岩、泥页岩中找到。

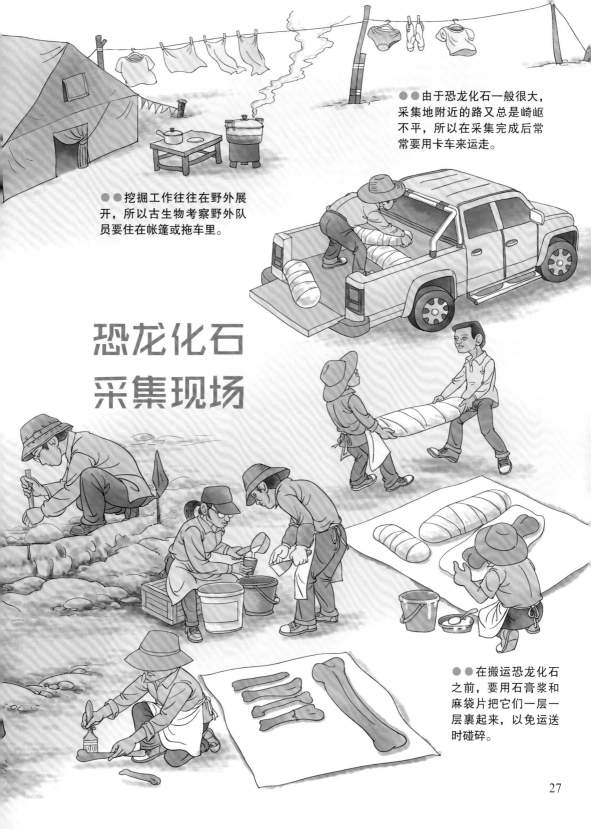

●●由于恐龙化石一般很大，采集地附近的路又总是崎岖不平，所以在采集完成后常常要用卡车来运走。

●●挖掘工作往往在野外展开，所以古生物考察野外队员要住在帐篷或拖车里。

恐龙化石
采集现场

●●在搬运恐龙化石之前，要用石膏浆和麻袋片把它们一层一层裹起来，以免运送时碰碎。

说到化石的寻找和采集过程，可以说从 19 世纪开始到现在，每个古生物学家都在做同样的事情。当然，随着科学技术的不断进步，现在的化石猎人慢慢也开始掌握一些新的更好的方法，比如可以将网络地图和一些基础地质数据结合起来建立一些计算机模型，来预测哪个区域化石更丰富，哪个区域更有可能找到化石。这样的方法现在已经被应用在野外工作当中，其效果已被证明是不错的，能帮助我们找到更多更好的化石。

　　找到化石，先加固，再采集，这是一个过程。我们采集化石时有两种常用的方法。一种叫作皮套克法，其实就是拿麻袋布用石膏浆浸透了，把所要采集的化石和岩石裹起来。这个皮套克形象地说就是给化石和岩石打个石膏绷带，这样我们才能让里面的化石保持稳固，比较安全地将其从野外运到实验室进行研究。另一种叫作套箱法，对于更大的化石，我们会采用套箱法，这种方法就是在皮套克外面再加个木箱子，这样会便于我们运输大块的化石。

　　除了这些常规采集方法，有些恐龙化石还可以用其他一些方法，比如说筛洗法。当采集一些很小的恐龙牙齿或者一些碎骨头时，我们可以用筛洗法，从很软的岩石当中把这些细小的化石挑选出来。

采集到的化石拿回实验室后，我们首先需要对化石进行修理，具体来说就是把包在化石上的这些围岩慢慢地去掉。这是研究化石非常重要的一步，因为只有修理出来的化石才能暴露研究所需要的一些重要信息，比如化石的形态到底是什么样子。

化石修理是一项很精细的工作。大化石修理相对来说比较粗线条一些，小的恐龙化石是需要在显微镜下修理的。当然，除了这种机械修理，还有一些其他修理方法，比如可以用化学修理的方法（如酸处理）。这些化石修理完了以后，我们才能进入下一步，也就是真正的研究阶段。

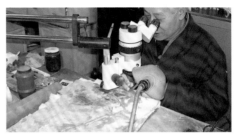

在显微镜下处理化石

裸眼粗线条处理化石

随着现代古生物学的发展，尤其恐龙学发展到今天，我们有很多新的技术和方法可以应用于恐龙化石研究，比如，我们可以用 CT、同步辐射、电子显微镜等各种各样的检测仪器来获取化石当中的信息。我们也可以用力学的方法、化学的方法、统计学的方法等各种各样的方法来研究化石。

正是通过这样一系列的研究过程，经过几代人的努力，我们才慢慢地了解了恐龙是什么样的一类动物。

第二章

恐龙王国之
鸟臀类恐龙

　　从三叠纪中期开始，恐龙这类爬行动物闪亮登场。不久后，它们像燎原在地球上的绿色植被那样，繁衍成了庞大无比的家族，散居于地球大陆的每个角落。恐龙们的长相千奇百怪。传统上，恐龙的分类是依据臀部腰带的特征来划分的，即鸟臀类和蜥臀类。接下来，我将带领大家了解鸟臀类恐龙的形态特征和演化过程。

鸟臀类恐龙的特征和分类

现在我们来说说鸟臀类恐龙的演化。

鸟臀类恐龙的一个主要特征是：在腰带上，它的耻骨是往后腹方向延伸的。除了这个特征，鸟臀类恐龙还有其他几个特征，比如说它有前齿骨，这个骨骼在其他类的恐龙中没有发现过，再比如说它有眼睑骨，也就是眼眶上部有一小块骨头。这些是定义鸟臀类恐龙的一些主要特征。早期的鸟臀类恐龙长得跟某些兽脚类恐龙相似，样子非常凶恶。

在早期的鸟臀类恐龙出现不久，鸟臀类恐龙就开始分异，分成了五个大的支系，也就是我们熟悉的鸟脚类、角龙类、肿头龙类、剑龙类和甲龙类。通常，把剑龙类和甲龙类合称为有甲类，把肿头龙类和角龙类合称为边头类。

下面我们分别介绍这几个类群。

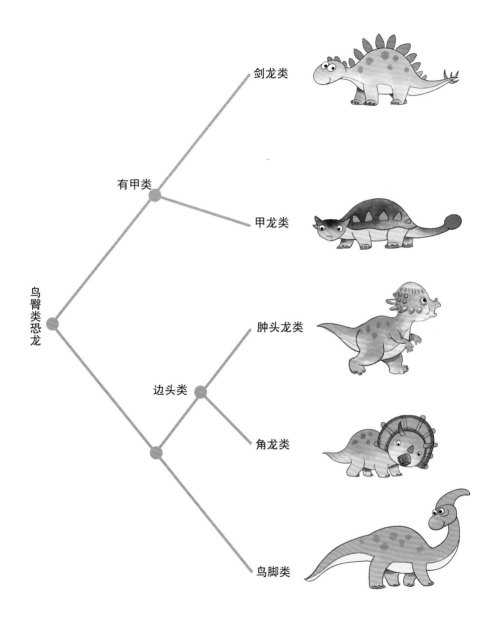

剑龙类

有甲类

甲龙类

鸟臀类恐龙

肿头龙类

边头类

角龙类

鸟脚类

爱吃植物的鸟脚类恐龙

鸟脚类恐龙是鸟臀类恐龙中的一个主要支系。从目前已知的化石记录来看，从侏罗纪早期到白垩纪末期，许多鸟脚类恐龙是两足行走的，但也有不少是四足行走的，它们都是植食性恐龙。

鸟脚类恐龙当中，最有名的一种应该是禽龙，这也是世界上最早被命名的恐龙之一。

大家可以发现，禽龙的一个典型特征就是锥状的大拇指。当

禽龙的前肢上为什么有一个锥状的大拇指？

禽龙虽然个头庞大，但性格很温顺，是一种植食性动物。禽龙的前肢上各有一个锥状的大拇指，很尖锐，像一把匕首。这有可能是它们的秘密武器。一旦遭受别的动物的攻击，禽龙就可以用大拇指来自卫。

这块骨头起初被发现的时候，由于化石不完整，科学家们一开始搞不清楚这块骨头到底应长在哪里，所以在复原当中一度把它放到了禽龙的鼻子上。当然，现在我们知道禽龙有一双非常特化的"手"，手上有个锥状的大拇指。

我的尖尖的大拇指酷吗？

禽龙

3

神奇的恐龙"木乃伊"化石

　　除了禽龙，还有很多其他的鸟脚类恐龙，而且这个类群有一些保存得非常好的化石。比如说，恐龙当中的"木乃伊"，有很多就来自这个类群。

　　如果去北美一些自然历史博物馆参观的话，会看到鸟脚类恐龙中的"木乃伊"。这里说的"木乃伊"并非像埃及古墓中的木乃伊，而是说恐龙的皮肤组织非常好地保存了下来，覆盖在骨骼上，看起来有点像干尸，当然它已经化石化了。甚至人们一度认为，有一具鸟脚类恐龙化石保存了恐龙的心脏。我们想一想，心脏是一种软体组织，一般情况下是不可能以化石的形式保存下来的。但是，有些科学家声称发现了恐龙心脏化石，并且认为这个心脏化石为恐龙是温血动物提供了更多的证据。

　　当然，后来的研究发现，这个所谓的恐龙心脏实际上是沉积过程中形成的一种特殊结构，并不是真的心脏。虽然心脏没找到，但科学家们确实在很多鸟脚类恐龙化石中找到了一些有趣的信息。比如在对一具鸭嘴龙化石进行分析后，科学家们相信，这具化石当中保存了胶原蛋白、角蛋白等蛋白质片断。

这样的发现可以说是非常令人震惊的。你可以想象，这个化石是白垩纪晚期的，距今有七八千万年之久，这样长的时期居然能保存下来蛋白质片断。原来的观念里，这是不可想象的，但是最近越来越多的化石研究显示，确实存在这种可能性。比如，在中国云南省楚雄彝族自治州禄丰县发现的恐龙化石中，就有证据显示，化石中保存了有机物。这个化石距今约两亿年，它再次显现了恐龙化石当中有很多潜力，可以保存一些我们原来想象不到的能够保存下来的结构。

其实在近十年当中，类似的研究在不断地进行，有科学家就从一些博物馆收藏了一百多年的标本中提取出来了蛋白质片断。这样的发现让科学家们非常兴奋，因为通过研究这些化石，我们又开启了一扇窗户，可以了解更多恐龙的奥秘。举个例子，有人在鸭嘴龙和霸王龙的化石中发现了蛋白质片断，并进行了蛋白质片断的测序，发现这个序列跟鸟类的序列是比较接近的。这些发现为我们研究恐龙如何变成鸟类也提供了一些证据。

这些发现一方面为科学家的一些研究提供了新信息，另一方面也让恐龙爱好者兴奋不已。你如果看过《侏罗纪公园》这部电影的话，就会记得电影当中曾讲到，在恐龙化石或者琥珀化石当中也许能找到恐龙的 DNA，科学家们可以用恐龙的 DNA 来复活恐龙。

　　这个梦想是不是能够实现呢？既然能找到蛋白质，我们在恐龙化石当中是不是也能找到 DNA 呢？应该说到目前为止，没有任何成功找到 DNA 的报道。

除了保存有蛋白质，保存有皮肤印痕，就像木乃伊似的，还有很多恐龙化石也保存了一些很有意思的信息。比如说著名的慈母龙，它属于鸭嘴龙类，鸭嘴龙类是鸟脚类恐龙的一个小分支。有人发现慈母龙有筑巢行为，成年恐龙会主动照顾小恐龙。通过研究大量的化石，我们可以获取这些原来想象不到的行为学信息，对恐龙世界也有了更丰富的了解。

　　当然，鸟脚类恐龙不光在北美有保存得很好的化石，在中国也发现了很多很重要的、非常漂亮的鸟脚类化石。其实，

中国最早的恐龙化石就来自这个家族，比如说在黑龙江江边发现的被称为"中国第一龙"的满洲龙的化石。满洲龙是一种鸟脚类恐龙，更具体地说，它是一种鸭嘴龙类。再比如说，山东诸城有世界上最大的恐龙墓地，保存了数以千计的山东龙化石，山东龙是世界上已知体形最大的鸟臀类恐龙。在山东地区，除了山东龙这个著名的物种，还有一种著名的鸟脚类恐龙叫棘鼻青岛龙。

应该说，鸟脚类恐龙为我们研究恐龙的方方面面提供了很多有意思的信息。例如，很多鸟脚类恐龙的头上都长着各种各样的棘冠。形态多样的棘冠为科学家们了解鸟脚类恐龙晚期演化提供了很多信息，其中有一个研究方向就是通过这些棘冠来研究恐龙

棘鼻青岛龙

的发声。恐龙已经灭绝数千万年了，有没有可能再重新听到恐龙的声音呢？有科学家通过一些方法研究了恐龙的棘冠，然后借助计算机软件复原出了恐龙的叫声。

鸟脚类恐龙还有一个研究方向就是关于它的咀嚼结构、嘴部结构。比如说晚期鸟脚类恐龙中的鸭嘴龙，它们的嘴巴又长又扁，像鸭子嘴，故而得名。它们的牙齿非常多，在一个齿槽当中一个牙齿顶一个牙齿，有一排，整个加起来形成齿列。这种复杂的牙齿结构有助于鸭嘴龙有效地消化植物。

恐龙会唱歌吗？

有些鸭嘴龙很可能有音乐细胞。它们的脑袋像个乐器，棘和冠是中空的，类似一支低音的苏格兰风笛。许多科学家认为，鸭嘴龙通过振动鼻腔，可能会发出一种类似号角的低沉的声音。

鸭嘴龙

长有犄角的角龙类恐龙

除了鸟脚类恐龙，另外一个很有名的鸟臀类恐龙支系就是角龙类。这类恐龙最早的化石记录来自侏罗纪晚期，一直到白垩纪最晚期，整个角龙类家族一直都非常繁盛。这类恐龙的早期成员是两足行走的，但后期的体形较大的成员变成了四足行走。

说到角龙类，最著名的代表当然就是三角龙。大家可以看下面这张图，它体现了角龙类最显著的两个特征：一个是角龙的头顶长了犄角，另一个是角龙的头后部长着长长的颈盾。

三角龙

这种奇怪的角龙是怎么演化出来的呢？有很多来自中国的化石可以解答这个问题。比如说，在新疆准噶尔盆地发现了1.6亿年前的三角龙的祖先，叫作隐龙。通过研究其化石，我们可以知

三角龙头上的角有什么用？

三角龙看上去十分凶狠，实际上却是性情温和的植食性动物，就像大象一样。它们喜欢和平，不喜欢争斗。三角龙头上虽然长着角，但主要还是用来吓唬攻击它们的肉食性恐龙。当然，要是吓唬不管用的话，三角龙就会用头上的角和对方比个高低。

三角龙

道早期角龙类的身材其实很小，体长也才一米多，而且那时候它们既没有颈盾，也没有犄角，跟晚期的角龙形态差异非常大。

除了隐龙，在亚洲地区还有另外一类非常有名的叫作鹦鹉嘴龙的早期角龙。大家可以看出鹦鹉嘴龙的嘴巴和鹦鹉的嘴巴长得有些像，故而得名。鸟脚类恐龙中的鸭嘴龙有很多化石，可以研究它们的方方面面。鹦鹉嘴龙也是这样，在中国和蒙

鹦鹉

鹦鹉嘴龙

古国发现了大量鹦鹉嘴龙的化石，这种化石的丰富程度让我们得以研究恐龙相关领域通常难以研究的问题。

例如，通过研究来自中国辽宁省的鹦鹉嘴龙的化石，我们可以发现鹦鹉嘴龙从小到大的过程中有一个行走姿态的变化，具体来说，就是它在幼年的时候是四足行走的，就像我们人在婴儿时期是爬着走的一样，但是成年后，它变成两足行走了。

通过研究辽宁省的化石，我们还发现鹦鹉嘴龙的兄弟姐妹会互相照顾，所以鹦鹉嘴龙在离开爸爸妈妈之后，很快就能走上独

成年鹦鹉嘴龙

小鹦鹉嘴龙

立生活的道路。它的这种独立生活并不是自己单独生活，而是经常跟自己的兄弟姐妹生活在一起。这种生物学现象也是很有意思的。

有些鹦鹉嘴龙化石保存了非常漂亮的皮肤结构，通过研究这些皮肤结构可以知道，鹦鹉嘴龙后背的颜色比较深，腹部的颜色比较浅，而且深浅的界限比较靠腹部，比较靠下。

那么，这样一个现象有什么意义？这样的现象可以告诉我们，这种恐龙很可能生活在一个相对封闭的环境当中，这种体表颜色的模式可以帮助它比较好地隐藏在森林当中。

除了鹦鹉嘴龙，还有其他一些保存精美的角龙化石，比如说原角龙，我国保存有其完整的生长系列化石，从小宝宝一直到成年。

说到原角龙，我要简单地讲一讲恐龙研究历史上非常著名的一个考察，即美国自然历史博物馆的中亚考察。这个考察发生在20世纪20年代到30年代，在将近100年前，美国自然历史博物馆已经可以组织一个庞大的科学家队伍多次对中国、朝鲜、蒙古，特别是大戈壁等地进行大规模的古生物学考察。这也是迄今为止世界上最有名的恐龙考察。

通过这样的考察，科学家们在蒙古戈壁上发现了很多漂亮的

重要的化石，包括我刚才讲到的原角龙化石。其实，在中国内蒙古自治区的一些区域也有很多类似化石的发现，其中有一些化石

作者发现了一个恐龙蛋

是非常精美的。在过去这些年当中，我们在这些区域也找到了很多很漂亮的化石。我记得有一次我走着走着，一不小心差点被绊倒，低头一捡，是一个完整的恐龙蛋化石，脚下就是一窝蛋。

而且，在附近一些地层当中，我们还发现了一群甲龙，有成年的甲龙，还有小甲龙，保存在一起。为什么会有这样的现象呢？因为我国的内蒙古和蒙古国戈壁地区有一种在沙漠中形成的风成岩。每当沙尘暴发生以后，风沙把生活在沙漠当中的一些恐龙掩埋了，然后形成了非常多的精美的化石。所以，我们今天才有机

会在蒙古戈壁上找到很多漂亮的恐龙化石，而且可以用这些化石来研究有关恐龙演化的方方面面。角龙类恐龙的犄角和颈盾的变化非常多样，这为我们研究恐龙演化提供了非常好的素材。

像孩子一样好奇、发现和质疑

恐龙是很多小朋友的最爱，也是很多科学家的最爱。

虽然我是一个研究恐龙的学者，但是非常惭愧，实际上我并不像很多小朋友一样从小就喜欢恐龙，甚至我小时候都没有听过恐龙这个词，也不知道有这样一类生物的存在。

考大学时，我阴差阳错地被北京大学古生物专业录取。这是个什么样的学科，我从来没有听说过，所以我不喜欢这个学科。但是非常有意思的是，又是阴差阳错，我大学毕业的时候，去了中科院古脊椎动物与古人类研究所，开始了我的研究生学习。实际上，在我研究生学习的头几年，我还是没有对古生物产生兴趣，但是因为要毕业，所以必须面对毕业论文，这时候，我才开始认真地去看这方面的论文，而且开始亲手抚摸这些亿万年前的化石。在那一刹那间，我突然发现也许我的爱好在这里，恐龙确实好像是我喜欢的东西。

直到今天，恐龙已经成为我生命中很重要的一部分。这件事情可以告诉我们，其实你小时候可以有理想，岁数大的时候也可以有理想，你追逐理想的脚步应该是永不停息的，任何时间都不晚，只要你为之努力，为之奋斗，我想你总有实现梦想的那一天。

徐星研究员

实际上，科学家在做研究的时候也跟小朋友一样，是由好奇心驱动他去研究那些遥不可及的东西。古生物学研究跟大多数其他科学研究不一样，它不仅需要你动脑子，还需要你去探险。我们找化石的地方经常是一些人迹罕至的地方，这种探险的乐趣也是我非常享受的。在戈壁沙漠、深山老林这样的地方找化石，对一个喜欢探险、心中有诗和远方的人来说，我想一定是非常好的一件事情。

找化石有很多故事，在找化石的过程中有一个规律叫作新手运气，我自己也非常好奇，为什么第一次去野外的人常会找到很好的化石。我想原因在于第一次去野外的人就像小孩一样，他充满了好奇，会关注任何的蛛丝马迹，所以他更有可能找到化石。而那些老手，或者去过野外很多次的人，就像成年人一样，经历了很多事情以后，会慢慢地消磨掉自己的热情，所以就很难找到化石。

找化石还有一个规律，我们叫作最后一天的运气。比如1997年，我们在辽宁西部找化石，到东北的时候，发现那儿快入冬了，我们甚至要点火取暖，工作了 30 多天几乎没有多少收获，所以我们都非常失望。在野外的最后一天晚上，当地人告诉我们，前一年找到了一些破碎的化石，如果你们觉得有用的话就拿去吧，可以捐给你们，然后我们就把这些化石拿到了北京，经过修理、研究，发现这是代表一种新的长羽毛的恐龙化石，我们把化石命名为意外北票龙。

这个对我来说是非常兴奋的，因为对我们做研究的人来说，一辈子有这么一次发现就很满足了。我那会儿还不到 30 岁，我觉得我在剩下的这么多年可以享受这个发现了。

作为一个科学工作者来说，有这样的认可，你当然会觉得非常自豪，确实，中国的古生物学研究在中国的基础学科当中，还是非常闪亮的一支。我们中国的科学水平离世界最好的水平还有不小的差距，怎么样弥补这样的差距，是落在我们这代人身上的重任，更是下一代人的重任。我们可以想象，如果说 50 年后、100 年后的孩子在读教科书的时候，书里面有很多来自中国的贡献，他也会感到非常自豪，我想他学习的劲头会更足。如果想做一个好的科学家，我想非常重要的就是要保持一颗童心，如果我们每个人都能保持一颗童心，那么你未来看见的世界将是个不一样的世界！

爱打架的肿头龙类恐龙

肿头龙类恐龙是鸟臀类恐龙家族的一个支系。这类恐龙的脑袋壳变得非常厚，所以很长一段时间，科学家们认为这种恐龙是凭借厚厚的脑袋壳进行搏斗的，比如说用脑袋进行撞击来决斗。

肿头龙

肿头龙

喜欢看《动物世界》节目的朋友都会注意到，这种现象在动物的决斗中是非常常见的。但是，通过近几年的细致研究，科学家发现肿头龙虽然有很厚的头骨，但是这种头骨并不是用来撞击的，而是它从幼年长到成年的过程中一种身份地位的象征，有的时候也可以作为物种之间识别的一种标识，并非用来打架。所以，有时候恐龙身体上的一些结构，其真实用途跟表面传达的信息会有很大的差异。

众所周知，鸟臀类恐龙都是植食性恐龙，对于肉食性恐龙而言是很好的猎物。植食性恐龙为了存活下来，一定会有保护自身的本领。鸟臀类恐龙常以武装自身的方式来对抗肉食性恐龙，如剑龙类恐龙的身上长有板状或刺状突起，甲龙类恐龙以甲板覆盖身体表面。下面我分别介绍这两类恐龙。

肿头龙

浑身带刺的剑龙类恐龙

剑龙类恐龙是鸟臀类恐龙的一个主要支系。它的化石记录从侏罗纪中期一直到白垩纪。剑龙类一般都是四足行走的，都是植食性恐龙。

剑龙身体上的一个主要的特征是它后背上的剑板，它的两排剑板立在身体背部，尾巴上的剑板逐渐变小。一直以来，大家对剑板的功能存在很大的争议。有些人认为剑板是用来防卫的，而另一些人认为剑板是用来吸引异性的，还有一

剑龙

董枝明

些人认为剑龙可以通过剑板上的小血管使血液迅速流动起来，以调节体温。到底这些剑板有什么功能？其实到现在也没有一个定论。

有关剑龙还有一个很有意思的研究，就是在剑龙的臀部的脊索内有个膨大的神经节，所以有些人认为，这代表恐龙有第二个脑袋。实际上后期研究发现并不是这样，这里只不过是储存脂肪的一个区域，跟大脑并没有关系。

我国是剑龙化石非常重要的产地，如目前世界上发现的时代最早的剑龙化石就来自四川省自贡市，叫作太白华阳龙。太白华阳龙是由我国著名恐龙学家董枝明先生命名的。

太白华阳龙

身披铠甲的甲龙类恐龙

跟剑龙关系非常紧密的一类恐龙是甲龙类恐龙。

甲龙的化石最早出现在侏罗纪中期,然后一直到侏罗纪晚期,陆续有很多很好的甲龙化石被发现。甲龙跟剑龙一样,也是植食

大面甲龙

性恐龙，而且也是四足行走的一类恐龙。请看上图中的大面甲龙，它跟其他类群恐龙明显不一样的地方就是背上的甲板。有些甲板形成一大块，整个把甲龙身体包裹起来，所以让甲龙显得非常结实，因此人们常把甲龙称作恐龙中的坦克。这层包裹全身的骨甲让甲龙免受其他猎食性恐龙的攻击。当然，早期甲龙的甲板没有后期的甲龙身上的那么发达。

一部分甲龙的尾巴后缘有个骨质的尾锤，这个尾锤在很长一段时间内引起了科学家们的广泛兴趣，大家都想弄清这么大一个

谁敢欺负我，让你尝尝我流星锤的滋味。

甲龙

尾锤能起什么作用。一个显而易见的猜测就是这个尾锤是用来防御的。确实，科学家们通过一些很精确的力学研究测出了尾锤摆动的打击力量，发现甲龙尾锤可以轻易地击断大型肉食性恐龙的腿骨。从这个角度推测，尾锤可能确实是甲龙的一个非常好的防御武器。

应该说，跟角龙类、鸟脚类恐龙相比，甲龙和剑龙的分异度和变化没有那么大，但是它们确实也体现了鸟臀类恐龙的另外一面，如前面强调的一些特殊的防御武器，像剑龙的剑板，这种奇特的构造让科学家们可以进行多方面的探讨。

小结一下，鸟臀类恐龙早期的化石记录比较贫乏，虽然在三叠纪时期的地层中已经发现了鸟臀类恐龙的化石，但是总体来说，这类化石是比较少见的。这个大家族主要分为五个支系，即鸟脚类、角龙类、肿头龙类、剑龙类和甲龙类。所有的鸟臀类恐龙都是植食性恐龙，但是它们的行走姿态却有差异，有些是两足行走，有些是四足行走。

鸟臀类恐龙当中有些支系的装饰结构非常发达，比如鸟脚类的头上有各种各样的棘冠，角龙类长着各种各样的犄角，还有其他的一些鸟臀类恐龙也长着不同的装饰性结构。

第三章

恐龙王国之
兽脚类恐龙

兽脚类恐龙是恐龙家族中的绝对掠食者。它们种类繁多，体形各异，既有体长不足一米的阿尔瓦雷斯龙，也有体形巨大的陆生食肉动物霸王龙，还有一些被称为恐龙家族的大熊猫。下面我将带领大家一起认识这些天生的猎手——兽脚类恐龙。

兽脚类的早期分化代表
——腔骨龙和棘龙

兽脚类恐龙中著名的早期代表就是在北美发现的腔骨龙。

腔骨龙是一种小型的肉食性恐龙，其体长只有一米多。虽然体形较小，但它们非常聪明。腔骨龙会聚集在一起猎食，这使它们能成功捕到比自己大得多的猎物。

腔骨龙不光靠狩猎获取食物，它还是一名"清洁工"，会吃掉它遇到的任何动物。有证据显示，腔骨龙具有捕食同类的习惯，这一发现是基于一些保存非常精美的化石得出来的。

在兽脚类恐龙中，有一些体形非常大的物种，比如棘龙。棘龙的身体可以长达十五六米，整个背部有长长的棘状结构。有人通过研究发现，棘龙的这种身体结构可能是为了适应在水里生活。

科学家们做了很多与棘龙相关的研究，比如对比棘龙和鳄形类动物（如鳄鱼）的嘴巴，发现生活在水里的鳄形类的嘴和棘龙的嘴是非常相似的，科学家们也发现，棘龙有着典型水生动物的尾巴。通过这样的相似性，科学家们推测棘龙可能跟鳄形类动物一样也是生活在水里，以捕鱼为生。后来，确实在一些棘龙化石的胃部发现了一些鱼鳞，这就为之前的推论提供了有力的直接证据。

棘龙

恐龙明星霸王龙

兽脚类恐龙中最有名的代表当属生活在北美地区的距今大约 6600 万年的霸王龙。

霸王龙是兽脚类恐龙家族中的明星，人们对霸王龙的各方面都做了很多的研究。相关研究显示，霸王龙跟其他很多兽脚类恐龙不一样，在取食的时候，它能够用非常强劲的上下颌，把猎物的骨头都嚼碎。所以，在霸王龙的粪便中，经常会有很多碎骨头。科学家通过一些力学分析发现，霸王龙上下颌的咀嚼力是非常惊人的。

除了咀嚼，科学家们还研究了霸王龙的很多方面，其中有一个颇具争议的研究就是有关霸王龙的奔跑速度。传统上认为霸王龙的奔跑速度是比较快的，可能每小时达四五十千米甚至更快。是不是这样呢？通过一些精确的模型进行推测，科学家们发现成年霸王龙的奔跑速度大约在每小时二十千米左右，这个速度可以说是相当慢的。另外，通过模型的计算也发现，尚未成年的霸王龙的奔跑速度比成年霸王龙快得多，可以达到每小时六七十千米。

有人就会问了，成年霸王龙跑得这么慢，它怎么能生存下去，它是以什么为食的？对此有两种不同的解答。有些研究认为，奔跑速度很慢的成年霸王龙主要吃腐食，就是吃动物的尸体，所以它不需要跑得很快。一些科学家对这种推论表示怀疑，因为这么巨型的动物完全靠吃腐食是

霸王龙

否能支撑下去是个问题。还有一种解释认为，霸王龙虽然奔跑速度比较慢，但是同时期的其他植食性恐龙的奔跑速度更慢，所以即便霸王龙跑得很慢，它依然能抓到需要的猎物。

　　科学家们有各种各样的方法来研究奔跑速度。除了通过计算机模型和一些物理模型来推测灭绝动物的奔跑速度或者行走速度以外，最直接的行走速度信息来自于恐龙的脚印化石。脚印化石

霸王龙

能够为我们了解灭绝动物的生活习性提供非常重要的信息，比如可以判断这种动物是群居的还是独居的。

对于恐龙的研究，我们可以采用很多方法，通过研究恐龙的不同方面来了解它。比如现在常用的一个方法叫作骨组织学法，简单地说就是把恐龙骨骼化石切开，通过研究骨骼化石断面的微观形态来分析这个恐龙生长的速度和方式。以研究霸王龙为例，科学家们通过切开它的骨头化石来观看它的生长，结果发现，霸王龙在刚刚出生的时候，生长速度是比较慢的，等到了青少年时期，霸王龙有一个快速的生长期，然后到成年期后进入平台期。霸王龙青少年时期的生长速度远高于它的近亲，而且它的青少年期也长于它的近亲。通过这样一种独特的生长方式，霸王龙的体形大小可以达到它某些近亲的好几倍。

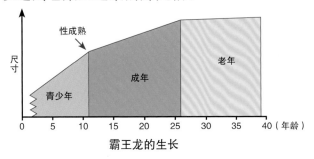

霸王龙的生长

除了这种骨组织学，我们还可以研究其他一些很有意思的问题，比如我们能通过化石判断霸王龙是雌性的还是雄性的。

有这么一个有趣的小故事。当年北美的学者在采集一块霸王龙股骨化石时，由于这块股骨化石太大、太重了，以至不得不忍痛把它掰为两段，这样才方便运到实验室。掰开以后，有人注意到，霸王龙的股骨化石当中有一种很有意思的骨骼结构，也就是一种叫髓质骨的结构。

髓质骨意味着什么呢？在现代的鸟类当中，比如老母鸡在产蛋期或者产蛋之前，其腿骨里面就会有这种髓质骨，这是产卵的动物在产卵时或者是产卵前积蓄钙质的一种方式。在霸王龙的股骨中也发现了类似的髓质骨，这就表明，他们发现的这块大腿骨可能来自一只雌性的霸王龙。这是科学家第一次比较确定地鉴定了恐龙的雌雄。

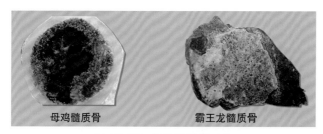

母鸡髓质骨　　　　　　霸王龙髓质骨

母鸡和霸王龙的髓质骨对比

霸王龙是个很有名的物种，它所属的家族叫作暴龙家族。中国有很多早期的暴龙家族的成员，如冠龙。在新疆准噶尔盆地发现的冠龙化石非常精美，它的头上长着像鸡冠一样的结构，不过是骨质的。冠龙是侏罗纪时期的一种暴龙，也就是霸王龙的祖先。

在发现好几个冠龙的化石点，我们还发现了其他的化石。这些化石保存的状态也很有意思。在发现的大岩石块上面有一层冠龙化石，离它几十厘米的下方有另外一层恐龙化石，离它再往下几十厘米又有一层化石，我们把这种结构戏称为恐龙三明治。

恐龙三明治

这种恐龙三明治是怎么形成的呢？通过一系列研究，我们复原了这样一个场景。

1.6亿年前的新疆准噶尔盆地是一个非常湿润的大河流域，在河岸边有很多池塘软泥，而且附近有高山，经常会有火山喷发，

●一些大型蜥脚类恐龙在软泥上踩出一些深坑，形成泥潭。

蜥脚类恐龙

冠龙

●●一些小恐龙不幸陷入泥潭，冠龙看到了想去捕食，不料自己也深陷泥潭。

●●●好几种恐龙一起形成了化石。

未知

角鼻龙

角鼻龙

火山灰会落到泥潭当中。在这个区域不仅生活着冠龙，还生活着其他一些大型的蜥脚类恐龙，如中加马门溪龙。中加马门溪龙这类大型的蜥脚类恐龙在河边软泥上行走时经常会踩出一些深坑，形成小的泥潭，一些像泥潭龙这样的身体较小的恐龙会不小心陷入泥潭。冠龙看到陷到泥潭当中的泥潭龙，以为自己有免费的午餐可以吃，便走过去，没想到也不幸地陷进去了。由于火山灰散落在这些泥潭中，增加了泥巴的黏度，这些小恐龙身陷泥潭，无法逃脱，到最后就形成了一层一层的化石。所以，在 1.6 亿年后，我们才有幸发现了这些非常漂亮的化石。左页是一张"恐龙三明治"的形成示意图。

这样的场景，一方面是科学上的，从专业上讲在埋藏学上是有一定证据的。另一方面，对公众来说，这是一个艺术复原。大家经常会问，恐龙的艺术复原有的时候是基于一些科学证据，可很多时候这种复原并没有多少科学证据，尤其是复原这些恐龙的外形，因为我们发现的化石都是这种骨骼化石，而复原的恐龙都是带皮毛带血肉的，科学家们是怎么进行这种复原的呢？

其实，恐龙复原的工作在很多年前就开展了，很多科学家都在做。随着科学的发展，恐龙复原的方法也在不断改进。传统上的恐龙复原过程是这样的：我们如果发现一个新的恐龙物种，这个恐龙物种往往没有一个完整的恐龙骨架，而只有恐龙骨架的一部分，比如只保存了头，或者只保存了半截身体。那么，我们怎样复原这个恐龙呢？一般我们会先参考与之相近的物种，然后把那些缺失的信息补齐了，再做一个骨架轮廓复原。做完骨架轮廓复原以后，接着做肌肉复原。肌肉怎么复原呢？这就要求科学家们了解肌肉系统和骨骼系统的关系，这很大程度上是基于一些现

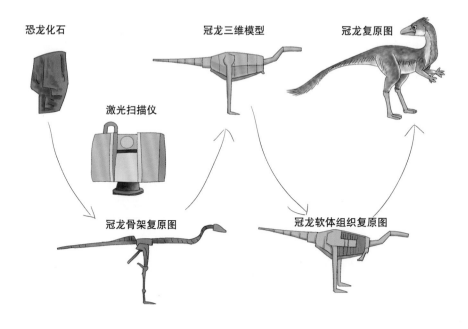

恐龙化石　　　　　　冠龙三维模型　　　　冠龙复原图

激光扫描仪

冠龙骨架复原图　　　　　　冠龙软体组织复原图

复原恐龙的顺序

生动物肌肉和骨骼的关系，推测骨架的哪个地方应该有肌肉以及肌肉的大小。一番努力之后，我们才可以把一个有血有肉、活灵活现的恐龙复原出来。这是经典的传统复原方法。

当然，随着现代科学技术的进步，越来越多的恐龙复原采用更精确的形式。比如冠龙的复原，可以用激光扫描仪对其化石进行扫描，然后用计算机重建冠龙的骨架，再根据现代生物学的一些信息资料，把冠龙的软体组织通过计算机模拟技术加上去，最终就可以得到一张比较完整的精确的冠龙的复原图了。

3

充满谜团的阿尔瓦雷斯龙类恐龙

在兽脚类恐龙家族当中，还有一些有趣的支系或者小的家族，其中有一类叫作阿尔瓦雷斯龙类。

这类恐龙是体形非常小的一类恐龙，已经发现的物种大多数体长不超过一米，有的甚至只有几十厘米。

我们在内蒙古巴彦淖尔地区发现了阿尔瓦雷斯龙家族的一个成员，并给它取名为临河爪龙。

为什么要介绍临河爪龙呢？因为这种恐龙非常有意思。看看我们自己，我们的脚上手上都长着五个指头，这种数量在四足动物（长着四条腿的动物）中是一种原始的状态。而这种临河爪龙很特别，它的整个手掌只有一个手指，这是很有意思的一种现象。

从早期阿尔瓦雷斯龙类接近原始兽脚类的较长抓握型前肢，到拥有特化手爪的半爪龙和西域爪龙的较长前肢，再到晚期阿尔瓦雷斯龙类高度特化、缩短的功能性单指前肢，这种转变以渐进的方式持续了近 5000 万年。

　　这种演化或许与其食物的变化有关。阿尔瓦雷斯龙类恐龙具有强壮的长着大爪子的手部，但上下颌却非常纤弱，就像恐龙里面的土豚和食蚁兽。早期的阿尔瓦雷斯龙类具有典型的肉食型牙齿和更利于抓握猎物的手部，只有晚期的阿尔瓦雷斯龙类才演化出了巨大的单爪，这些大爪子很有可能是用来挖掘破坏朽木和蚁穴，吃食内部的蚂蚁或者白蚁。

　　这类恐龙展示了一个演化支系上的生物是如何随着时间而改变它们的生态位，即从食肉的转变到食虫的。

临河爪龙

长有喙的角鼻龙类恐龙

兽脚类恐龙的另外一个分支是角鼻龙类。

顾名思义，这类恐龙的头上长着一些犄角，当然它的犄角跟先前讲过的鸟臀类恐龙中的角龙的犄角是完全不一样的。早期角鼻龙类是一些小型的非常纤细的动物，但是到了晚期，角鼻龙类的身体变得相当庞大，而且非常粗壮。

很有意思的是，角鼻龙类跟我们熟悉的霸王龙在某些方面非常相似，它们的前肢都非常短小，但是，角鼻龙类恐龙的后肢相

霸王龙

角鼻龙类

对来说没有霸王龙及白垩纪晚期的一些肉食性恐龙的那么细长，
这表明这类恐龙的奔跑能力可能并不是很强。

在中国发现的这个家族的代表是来自新疆准噶尔盆地的 1.6
亿年前的泥潭龙，应该说，泥潭龙是非常重要的一种角鼻龙类，
也是一种非常重要的兽脚类恐龙。

为什么这么说呢？观察泥潭龙的嘴部结构，会发现它没有牙
齿，泥潭龙的嘴巴像鸟一样是具喙的。在泥潭龙化石的腹部，我
们还发现了大量的胃石，这种胃石常见于鸟类（如鸡）体内，用
于消化。泥潭龙具有喙这种结构，应该说在兽脚类恐龙当中并不
是非常罕见，但是过去发现的证据都来自白垩纪。这是在侏罗纪

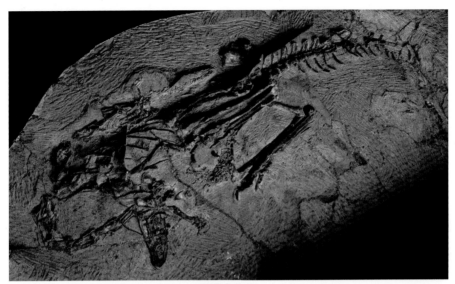

泥潭龙化石

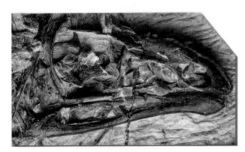

泥潭龙嘴部化石

泥潭龙胃石

唯一发现的一种具喙的兽脚类恐龙。它有喙，又有胃石，所以我们猜测这种恐龙应该是一种植食性恐龙，这种猜测在后来得到了同位素化学研究的证实。

作为最早的嘴巴变成喙的兽脚类恐龙，泥潭龙为我们研究喙的形成、喙的演化提供了很有价值的信息。我们还发现泥潭龙在从小变大的过程中有个很有意思的现象：它在幼年时期嘴里是长牙齿的，但是到了成年期，它的牙齿慢慢退化掉了，最后变成了喙。这是一个有趣的发育学现象。通过研究这种现象，再对比其他的一些长有喙的动物，我们猜测包括鸟喙在内，喙的形成是一个控制牙齿和喙发育的基因在表达时间上变化的有趣的过程。

什么过程呢？就是控制牙齿发育的基因在这些早期物种幼年时还在表达，所以幼年时期这些物种会长出牙齿。但是，等发育到了某个阶段，这些基因就停止表达了，随之这些物种的嘴巴就变成喙了。这样的基因表达的过程在不同的物种中停止表达的时间不一样。在向鸟类演化的过程中，控制牙齿发育的基因停止表达的时间提前到了胚胎期，因此，在现代鸟类当中，鸟一出生就已经有喙了，而不是先有牙齿后有喙。这是个非常有意思的现象。

而且，伴随着从有牙齿变成有喙这样一个个体发育的过程，泥潭龙在幼年的时候是肉食性或者杂食性的，到了成年才变成一种植食性的动物，所以其嘴巴的结构变化也反映了食性的变化。

5

会改变食性的似鸟龙类恐龙

另外还有几类兽脚类恐龙，在它们身上呈现了有趣的改变食性的现象，不过，不是像泥潭龙那样在长大的过程中改变食性，而是在演化过程，其食性发生了改变。这些恐龙的祖先物种是肉食性动物，而其后裔物种变成植食性动物，这一点与我们熟悉的大熊猫比较相似。

我们知道，今天的大熊猫的祖先是吃肉的，但是现在的熊猫是吃植物的，除了吃竹子，还吃其他一些植物。这样的一个食性变化，从肉食性变成植食性，在我们熟悉的动物当中还是比较少见的，但非常有意思的是，在恐龙世界中，这种现象却非常常见。现在介绍的似鸟龙类恐龙就是这样，它们的祖先应该都是吃肉的，但是它们自己变成吃植物的了。

吃植物的恐龙有个特点，它们的身体会变得很庞大，所以这个家族的早期成员虽然身体比较小，但是到了后期，有些似鸟龙

类的个体会长得非常大。比如说在蒙古戈壁发现的恐手龙，它们的体形大得惊人。

恐手龙化石最初发现于1965年，当时只发现了前肢化石，经过测量，研究人员发现恐手龙的整个前肢的长度竟然达到2.4米。

根据仅有的前肢化石，古生物学家立即判断出这种恐龙属于兽脚类恐龙。一位古生物学家写道，当他想象整个恐龙的模样时真是毛骨悚然，它可能是曾经生存过的恐龙中最为恐怖的一种，因此古生物学家将其命名为恐手龙，意思是"恐怖之手"，因为它拥有兽脚类恐龙中最长的前肢。

似鸟龙

起先，古生物学家们认为恐手龙是一种可怕的肉食性恐龙，但后来发现的更完整的恐手龙化石显示，它有着与鸭嘴龙类似的头。恐手龙的嘴和牙齿显然不适合捕猎，甚至都无法撕咬和咀嚼常见的植物。有科学家猜测，恐手龙主要以水生植物为食，同时也会捕鱼，是杂食性动物。

　　恐手龙生存于约 7000 万年前的蒙古高原，在当时，体形巨大的它天敌很少。特暴龙是目前所发现的唯一能够威胁恐手龙的食肉动物。当面对特暴龙的威胁时，恐手龙会挥舞长而有力的前肢，用大爪子进行反击。

恐手龙

恐龙家族的大熊猫——镰刀龙

镰刀龙类是非常奇特的一类恐龙，这类恐龙中最著名的代表叫作镰刀龙，光是它手上的一个爪子，长度就将近一米，像把大镰刀一样。不要看它的爪子像尖锐弯曲的大镰刀就以为是用来捕食或者攻击其他动物的，实际上，这类恐龙是很笨重的一类恐龙。它有很小的脑袋、很细碎的牙齿，一般被认为是植食性恐龙。

镰刀龙类恐龙也相当于恐龙家族当中的大熊猫，也就是说它们的祖先是吃肉的，后来才变成吃植物的。

窃蛋龙类恐龙

窃蛋龙类也是恐龙家族中的大熊猫，发现于我国辽宁省西部的切齿龙就属于窃蛋龙类。从插图可以看到，切齿龙有两个很大的类似啮齿类动物的门齿。切齿龙的牙齿的样子跟吃植物的恐龙的牙齿对比，有些特征是非常相似的。

在窃蛋龙家族当中有很多有意思的值得研究的问题。为什么呢？因为一方面这类恐龙的化石记录非常丰富，另一方面它体现的形态变化也非常多，所以科学家可以据此研究这类恐龙的方方面面。

切齿龙

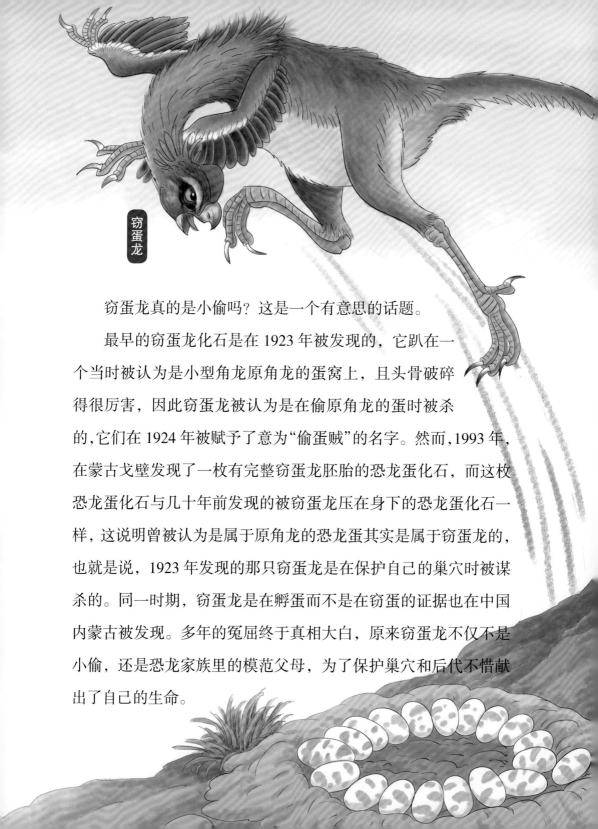

窃蛋龙

窃蛋龙真的是小偷吗？这是一个有意思的话题。

最早的窃蛋龙化石是在 1923 年被发现的，它趴在一个当时被认为是小型角龙原角龙的蛋窝上，且头骨破碎得很厉害，因此窃蛋龙被认为是在偷原角龙的蛋时被杀的，它们在 1924 年被赋予了意为"偷蛋贼"的名字。然而，1993 年，在蒙古戈壁发现了一枚有完整窃蛋龙胚胎的恐龙蛋化石，而这枚恐龙蛋化石与几十年前发现的被窃蛋龙压在身下的恐龙蛋化石一样，这说明曾被认为是属于原角龙的恐龙蛋其实是属于窃蛋龙的，也就是说，1923 年发现的那只窃蛋龙是在保护自己的巢穴时被谋杀的。同一时期，窃蛋龙是在孵蛋而不是在窃蛋的证据也在中国内蒙古被发现。多年的冤屈终于真相大白，原来窃蛋龙不仅不是小偷，还是恐龙家族里的模范父母，为了保护巢穴和后代不惜献出了自己的生命。

② 是霸王龙

◀ 霸王龙

霸王龙是恐龙家族里的明星，牙齿锐利，前肢短小，后肢粗壮。体长 12—15 米，重 6—8 吨，为已知最大的食肉恐龙之一。因为暴龙家族的其他一些物种被发现体披羽毛，所以霸王龙的身上至少局部长有羽毛。

三角龙 ▶

三角龙号称是最大的角龙，是生存到白垩纪末期的恐龙之一。其特征是有三只角，据说额部的两个角往往长到 1 米以上。其鸟喙状的嘴里有锯子般尖锐的牙齿，磨损之后会长出新牙。

第四章

恐龙王国之
蜥脚型类恐龙

蜥脚型类恐龙是迄今为止地球上出现过的最大的陆地动物，目前所有已知身长超过 20 米的恐龙都属于蜥脚型类恐龙。很快的生长速度和很长的生长时间保证了蜥脚型类恐龙稳居恐龙家族头号巨无霸的宝座，很少有捕食者可以威胁到成年蜥脚型类恐龙的安全。让我们一起来认识这些恐龙王国中的庞然大物。

蜥脚型类恐龙的演化

　　蜥脚型类恐龙的化石记录从三叠纪晚期一直到白垩纪末期都有。蜥脚型类恐龙的早期成员是两足行走的，到后期变成四足行走。在蜥脚型类恐龙家族当中，演化出了许多体形非常庞大的物种。

禄丰龙

杨钟健(1897—1979)

我们先来介绍一下蜥脚型类恐龙的一些早期代表，比如说在中国云南发现的侏罗纪早期的禄丰龙。

禄丰龙号称"中国第一龙"，它是由我国古脊椎动物学的奠基人杨钟健先生命名和研究的，也是中国人自己复原的第一种恐龙骨架。禄丰龙的化石在云南发现了很多，包括一些非常珍贵的胚胎化石。这类早期恐龙的胚胎化石在全世界范围内都比较罕见，最著名的代表是发现于南非的大椎龙胚胎化石。

这里有一个很有趣的现象，这一时期全世界不同地区的恐龙

你知道吗

中国第一张恐龙邮票

在我国 1958 年 4 月发行的特 22《中国古生物》邮票中，出现了恐龙的形象。这套邮票共三枚，其中第二枚的画面是在云南禄丰盆地上，以中生代的禄丰龙骨架为主体，配上其生活复原图，面值 8 分。这枚"禄丰恐龙"邮票成为世界上第一枚印有恐龙形象的邮票。

的外形差异很小，比如说禄丰龙跟在南非发现的大椎龙的外形就非常相似。

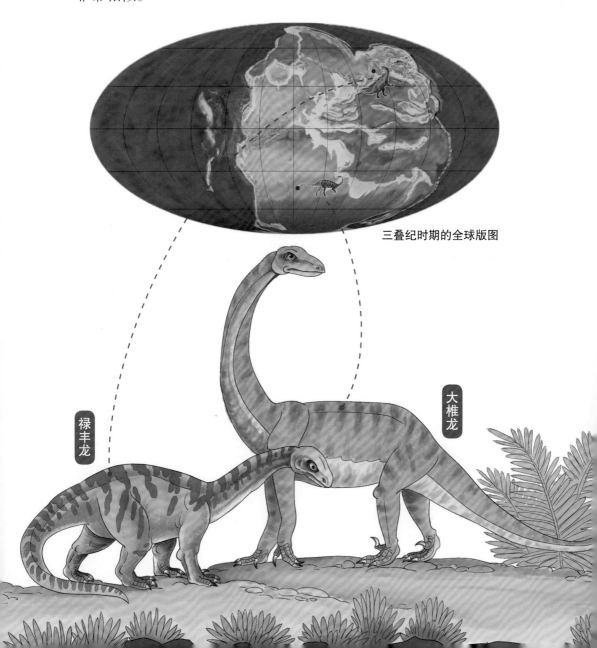

三叠纪时期的全球版图

禄丰龙

大椎龙

这种现象反映了一个事实。什么事实呢？就是这一时期地球表面的大陆基本上都连在一起，还没像今天这样四分五裂，我们称之为泛大陆。由于泛大陆的存在，当时地球上的恐龙动物群可以互相交流，所以使得全球各地的陆生动物的样貌都非常相似。我们通过对云南化石的研究，还有对南非一些化石的研究，可以发现这两地的动物群是非常相似的，这为我们研究大陆格局的形成和恐龙演化的关系提供了一些有用的信息。

　　很多早期的蜥脚型类恐龙都是两足行走的，但是很快，这些早期的蜥脚型类恐龙开始了大型化，逐渐变成了四足行走。其中有些物种的体形变得非常庞大，并最终演化出蜥脚类恐龙这一分支。

马门溪龙是出现相对较晚的蜥脚型类恐龙。

马门溪龙

蜥脚型类恐龙的特征

　　传统上，蜥脚型类恐龙被划分为"原蜥脚类"和蜥脚类，但现在古生物学家们已经不再使用"原蜥脚类"这个术语了，原因在于"原蜥脚类"是蜥脚型类早期演化的一系列逐渐出现的分支，而不是一个自然类群。我们在这里用带引号的"原蜥脚类"来指代蜥脚型类恐龙的所有早期代表（即不包括蜥脚类恐龙的所有其他蜥脚型类恐龙）。一般认为，大多数原蜥脚类恐龙可以双足行走，也可以四足行走。它们的特征是手足的指（趾）都有五个，前足的拇指上长有硕大的爪，而后足的小拇指严重退化。"原蜥脚类"生存在晚三叠世到早侏罗世，随着蜥脚类的出现和繁盛，它们逐渐灭绝了。

　　在晚三叠世，一些早期的蜥脚类就已经出现了。

　　蜥脚类恐龙的主要特点是头小，脖子相对比较长，有像大象一样的柱状的四肢，还有很长的尾巴。

当然，除了这些长脖子的种类，还有一些短脖子的种类，比如发现于我国宁夏的神奇灵武龙。另外也有一些种类有非常长的尾巴，就像鞭子一样，所以整个家族不光体现了大型化的现象，而且也体现了形态的多样性。总体来说，这个家族的恐龙的长脖子是最明显的一个特征，有些个体的脖子是非常长的。

我国最有名的一种蜥脚类恐龙——马门溪龙，最早发现在四川，是由杨钟健先生命名和研究的。后来发现的合川马门溪龙的化石非常完整，其脖子部分占其整个身体的比例是非常高的。

后来，在中国的西北地区也发现了一些马门溪龙类的化石，比如在新疆准噶尔盆地发现的一具马门溪龙化石，仅脖子就有约 15 米长，这说明蜥脚类恐龙脖子加长的现象有可能达到非常极端的情况。蜥脚类恐龙的演化在侏罗纪晚期达到了顶峰，其中

剑龙	埃德蒙顿龙	阿根廷龙	棘龙	三角龙	人
剑龙类	鸟脚类	蜥脚型类	兽脚类	角龙类	

很多物种的体形变得极其庞大。

据记载，到目前为止发现的最大的一个物种可能是双腔龙。最大的双腔龙个体据估计体长将近 60 米，体重有 120 吨。这种巨大的蜥脚型类恐龙是恐龙大型化的一个代表。

除了蜥脚型类恐龙，其他一些恐龙也存在大型化的现象，比如兽脚类恐龙及鸟臀类恐龙当中的一些支系，都存在这种现象。

你知道吗

马门溪龙口误事件

在合川马门溪龙化石发现以前，四川省宜宾市就已经出土了世界上第一具马门溪龙化石。但是，很少有人知道关于"马门溪"名字的来历。1952 年，金沙江马鸣溪渡口附近在修筑公路，工人们开凿岩石时，在那里发现了许多样子像骨头的石头。后来，著名古生物学家杨钟健教授经过仔细研究，认为这是一种当时世界上还没有发现过的新的恐龙化石，于是他就给这种恐龙取名"马鸣溪龙"。

由于杨钟健是陕西人，定名之后，其他研究人员因杨教授的口音，误将"马鸣溪"听为"马门溪"。从此，马门溪龙便记录在各种文献上。后来，人们在四川、甘肃、新疆、云南等地均发现了大量不同种类的马门溪龙化石，使之成为中国种类最多的蜥脚类恐龙。

3

凭什么长成了巨型恐龙

蜥脚类恐龙最明显的一个特点就是很长的脖子。这个很长的脖子有什么好处呢？从能量的角度来看，一个很长的脖子让它不用耗费太多能量就可以在一个较大范围内获取需要的食物，甚至有的时候站着不动通过脖子移动就可以覆盖一个比较大的范围来吃植物。除了方便觅食，身形变大后还有很多其他的好处，比如，它可以避免更多猎食性恐龙的攻击，这是一个显而易见的好处。

蜥脚类恐龙的生长速度是非常惊人的，这就得出一个很有意思的研究结论，即虽然这种动物体形非常大，但是实际上它快速生长的时间并不是那么长。一般认为蜥脚类恐龙在 20 岁之前就完全长成了，不管它是十几米长、二十几米长，还是三十几米长的体形，都是在 20 岁之前达到了这样的体形。

总体而言，目前我们对蜥脚类恐龙体形变得这么大有了一个初步的认识。一般认为，块头大跟它有一些特殊的身体结构有关，比如小的头、长的脖子、柱状四肢，这种身体结构适合其身体变得非常大。还有一个很重要的因素是蜥脚类恐龙在取食的时候是直接吞食植物，不在口腔里咀嚼，然后会把植物直接储存在庞大的后部肠道里，其后部肠道中有个庞大的菌群，用微生物群来发酵植物，也就是发酵食物。这有什么好处呢？这种模式可以节省用嘴巴把食物变小的时间，所有时间都可以用来不停地采集食物，这让蜥脚类恐龙在单位时间内或者说在它的生存时间内可以获取更多的植物。蜥脚类恐龙的消化完全在庞大的后部肠道里进行，这种机制提高了利用食物的效率。

如果有机会看蜥脚类恐龙身体内部的话，你会发现它跟我们熟悉的鸟类一样，身体里面也有很多气囊。这种气囊可以帮助蜥脚类

恐龙进行高效的呼吸，这也有助于它快速生长。

蜥脚类恐龙还有其他一些有助于增大体形的特点。比如说，在幼年期，蜥脚类恐龙的新陈代谢率相对比较高，这种快的生长率、高的新陈代谢率会使其体重快速增加，成年以后，它的新陈代谢率又降下来了。如果它一直保持这么高的新陈代谢率，是很难获取足够的食物来支撑其生存的。这一系列特点加在一起，让蜥脚类恐龙最终变成了地球历史上最大的陆地生物。

总结起来，蜥脚型类恐龙有两足行走的，也有四足行走的。在蜥脚型类恐龙演化历史当中出现了明显的大型化现象。这种大型化现象在不同的类群当中有不同的方式，这是我们对蜥脚型类恐龙的初步的认识。当然对于公众来说，最重要的一个结论就是这个类群产生了地球历史上最大的陆地动物。

哪种恐龙会耍鞭子？

蜥脚型类恐龙个头庞大，让许多肉食性恐龙望而生畏。但是，也有不知趣的家伙会向它们发难。遇到这种情况，蜥脚型类恐龙就会拿出撒手锏反击。比如梁龙，它会甩动它们的长尾巴，像鞭子似的，横扫敌人。

第五章

恐龙的
集群灭绝事件

　　6600 万年前的白垩纪末发生了地球生命史上罕见的集群灭绝事件，恐龙家族在这次事件中遭遇灭顶之灾，人们提出了许多假说来试图解释恐龙灭绝的原因。究竟有没有一种假说可以支撑已知的所有证据呢？我将带领大家走近恐龙灭绝的种种谜团，一探究竟。

灭绝的定义

谈到恐龙的灭绝，我们先要介绍一下灭绝的基本概念。在整个生命世界中，灭绝实际上是一直在发生的事情，在所有时期总有一些物种从地球上消失，同时又有一些新的物种出现，因此地球上物种的构成在不停地发生变化。但不同的是，物种灭绝在不同时期会呈现不同的级别。

也就是说，有些灭绝是常规性的灭绝，也叫作背景灭绝，这种物种灭绝的数量是有限的。但是，在一些特殊的地质历史时期会出现非常规性的灭绝，我们称之为大灭绝，或者集群灭绝。这一时期，物种灭绝的数量会导致整个生态系统产生相当大的变化。恐龙灭绝就属于集群灭绝。

怎么知悉恐龙发生了灭绝

恐龙灭绝，我们怎么知道到底是不是真实发生了呢？它是怎么发生的？很简单，就像其他的恐龙学研究或者古生物学研究一样，我们需要去分析数据，看相关的化石记录，分析化石记录的变化。

通过研究，我们可以发现，恐龙在 2.4 亿年前出现以后，其物种多样性在不停地上升，到白垩纪达到了顶峰，但到了 6600 万年前之后，陆地的恐龙就再也找不着了，这样的数据显示恐龙族群确实在 6600 万年前有一个突然的灭绝。

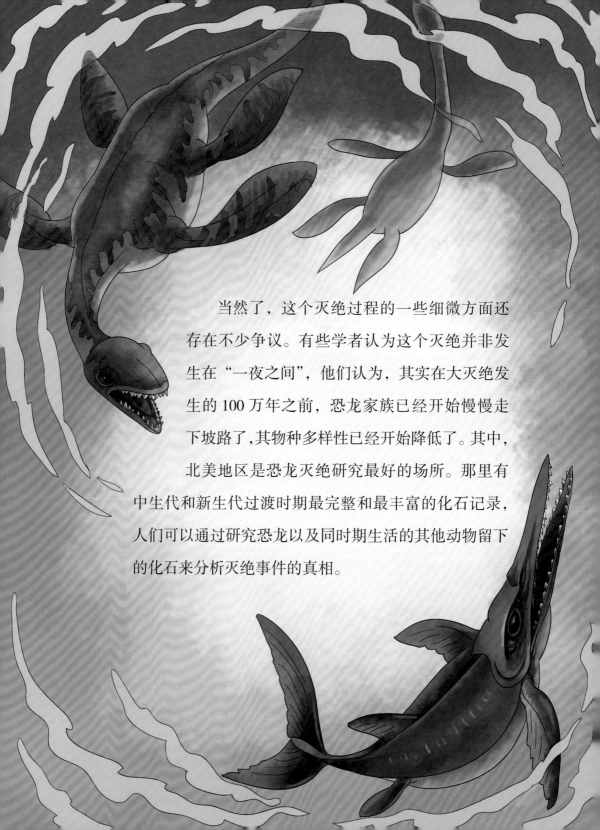

当然了，这个灭绝过程的一些细微方面还存在不少争议。有些学者认为这个灭绝并非发生在"一夜之间"，他们认为，其实在大灭绝发生的 100 万年之前，恐龙家族已经开始慢慢走下坡路了，其物种多样性已经开始降低了。其中，北美地区是恐龙灭绝研究最好的场所。那里有中生代和新生代过渡时期最完整和最丰富的化石记录，人们可以通过研究恐龙以及同时期生活的其他动物留下的化石来分析灭绝事件的真相。

通过分析北美的化石分布情况，科学家发现，在 6600 万年前之后，化石数量出现了明显的减少。这种减少情况在陆地生物当中存在，在海洋生物当中也存在，有很多的海洋生物也同样出现了多样性的明显变化，有些类群甚至整个消失了。

这次灭绝表现在，陆地上巨大的恐龙以及海洋中的鱼龙、蛇颈龙，天上的翼龙，还有一些无脊椎动物，如菊石等，统统都没能进入到新生代。新生代，仿佛是一扇大铁门，它除了放过少数的爬行动物，如鳄鱼类、龟鳖类、蛇类和蜥蜴类外，把大多数的爬行类动物都拒之门外。

昔日的陆地霸主恐龙为什么就灭绝了呢？这成为古生物学家竭力探索的问题。现在一般认为，白垩纪末大绝灭事件对体形较大的动物产生的影响更大，对陆地生物的影响大于对水生生物的影响，对森林里的生物影响更大。

3

火山喷发说

为什么会发生恐龙的灭绝？是什么原因导致了这样一个变化呢？

过去的几十年当中，科学家们提出了各种各样的假说，火山喷发说是影响较大的假说之一。在白垩纪晚期，印度德干高原发生了规模极其巨大的火山喷发，人们认为这种大面积的火山喷发对当时的地球生态系统造成了巨大的影响，导致环境剧变。所以，有人把恐龙的灭绝归结于当时的火山喷发。

火山喷发假说

小行星撞击说

现在，有关恐龙灭绝更可信的一个假说是小行星撞击说。关于这个假说，回顾它的历史还是很有意思的。

1980 年，有一位做地层学研究的地质学家叫阿尔瓦雷茨，他当时在研究一个沉积盆地的沉积速率，想弄清沉积盆地中岩石形成的速度到底有多快。他在做这个调查的时候意外地发现，在白垩纪末期的地层中有一层铱元素含量异常高的铱元素异常层，这种现象在通常的地球沉积环境当中是不可能出现的，这个现象让

小行星撞击假说

他非常困惑。后来，他跟他的父亲（诺贝尔奖获得者、一位实验物理学家）一起分析了数据，父子俩一起提出了小行星撞击说，认为这些铱是由小行星带来的，是这个小行星撞击地球导致了恐龙的灭绝。

那么是不是这样呢？在这个思想的指导下，人们开始寻找更多的证据。比如在同样层位又找到了一些其他的东西，像冲击石英，这些石英是在高压下形成的一种矿物，也为小行星撞击说带来了另外一条线索的证据。在随后的研究中，人们不仅开始研究北美的地层，还研究了其他地区的地层，发现这种铱异常的现象以及一些其他的异常现象在世界各地的很多地点都有发生。而且，通过大洋钻探和细微的化石记录研究，科学家发现有很多指标跟阿尔瓦雷茨父子提出的小行星撞击说是相吻合的。

我们可以想象，如果一颗小行星撞击到了海边或者海洋里，会带来一场大的海啸，人们确实在相关地层当中也找到了在这个时期发生大海啸的证据。

随着研究的深入，科学家们甚至找到了小行星的具体撞击点。我们知道，陨石坑实际上在地表并不是很常见，尤其大型的陨石坑是比较少见的。尽管这样，在地球上还是能找到一些各种各样的形成于不同时期的陨石坑，显示了有些陨石对地球的撞击是很厉害的。最后，人们在墨西哥湾找到了被认为是导致恐龙灭绝的小行星撞击的地点，而且进行了测量，进而估测出来这个撞击地球的小行星的大小。通过一些能量计算和一系列估计，现在可以认定当时小行星撞击地球带来的影响是非常巨大的，确实让整个地球的生态系统产生了很大的变化。

　　我们可以想象，这种变化会产生很多效应，综合起来应该给当时恐龙的生活环境带来了巨大的挑战，最终导致整个生态系统崩溃，让恐龙彻底灭绝了。但是与此同时，另外一些生物受到的影响相对比较小一些，比如一些水生的生物受到的影响

就没有陆地恐龙受到的影响大。现在，小行星撞击地球导致恐龙灭绝这个研究还在继续，人们还希望找到更多的证据，建立更好的模型。

恐龙的灭绝

几天前，我被一颗小行星击中，遍体鳞伤！

老是下酸雨，天也越来越冷，度日如年啊！

几个月来，天上灰蒙蒙的，不见太阳。

没有草吃，恐龙们都饿晕了！

植食恐龙之墓

小恐龙越来越少了，怎么办？

许多小型动物因为需要的食物少，都幸存下来了。

没有天敌了，好开心！

酋长

109

更多的发现

　　除了小行星撞击地球，实际上，地球同时期的一些其他变化，包括前面提到的火山喷发，还有海平面下降，可能都会对恐龙的生活环境产生很大的影响，导致了恐龙多样性的变化。

有的时候，科学研究会带来令人惊讶的一些新结论。为什么这么说呢？最近，一些科学家通过恐龙多样性变化的研究，发现恐龙走下坡路其实远远早于我们前面提到的 6600 万年前的恐龙灭绝的时间点。

大约 1 亿年前，恐龙家族已经开始走下坡路了，这是通过一些新的数据分析得到的结论。所以，恐龙灭绝这样一个课题，我想还需要更多数据和更好的分析方法，这样我们以后才能有更深的理解。